世界古典建筑艺术

EUROPEAN CLASSICAL ARCHITECTURAL DETAILS

欧洲古典建筑细部

SCAN EUROPEAN CLASSICAL ARCHITECTURAL DETAILS' CHARM

透视欧洲古典建筑细部的魅力

（二）

文艺复兴、巴洛克

聚艺堂文化有限公司 编著

中国林业出版社
China Forestry Publishing House

图书在版编目（CIP）数据

欧洲古典建筑细部. 2 / 聚艺堂文化有限公司 编著. -- 北京：中国林业出版社, 2013.1

ISBN 978-7-5038-6932-7

Ⅰ. ①欧… Ⅱ. ①聚… Ⅲ. ①古典建筑—建筑设计—细部设计—欧洲—图集 Ⅳ. ①TU-883

中国版本图书馆CIP数据核字(2013)第011657号

“欧洲古典建筑细部”编委会

中国林业出版社 · 建筑与家居出版中心
责任编辑：纪　亮　李丝丝　李　顺

出版：中国林业出版社 （100009 北京西城区德内大街刘海胡同 7 号）
网址：www.cfph.com.cn
E-mail：cfphz@public.bta.net.cn
电话：（010）8322 5283
发行：新华书店
印刷：北京利丰雅高长城印刷有限公司
版次：2013年5月第1版
印次：2013年5月第1次
开本：230mm×305mm 1/16
印张：14
字数：150千字
本册定价：249.00 元（全套定价：996.00元 ）

前言

欧洲古典建筑有两种含义，从广义上讲，是指工业革命以前以建筑外立面形式为主要设计出发点的建筑。从狭义上讲，古典建筑是指古希腊和古罗马时期的以柱式为主要设计出发点的建筑，和以后的其他建筑样式相区别。

重视柱式的运用成为古希腊建筑的最大特色。主要类型有多立克柱式、爱奥尼柱式和科林斯柱式。多立克式的“大肚皮”式柱身和无底座的基底显得它古朴庄重，运用于多个大型神庙建筑；爱奥尼柱式的涡卷饰柱头和修长精致的柱身柔美秀丽；科斯林式卷叶式让柱式的发展达到了顶峰，展现傲人的华丽。这些柱式在不断向华美精致的方向发展的同时，也作为古希腊建筑的结构之一。

古罗马建筑的最大成就是光辉的券拱技术（这也与当地盛产天然混凝土是分不开的，其主要成分是一种活性火山灰）。古罗马在伊特鲁里亚和希腊的建筑基础上发展了梁柱与拱券结构技术。种类有：筒拱、交叉拱、十字拱、穹隆（半球）。创造出一整套复杂的拱顶体系。罗马建筑的布局方式、空间组合、艺术形式都与拱券结构技术、复杂的拱顶体系密不可分。

虽然这两个时期建筑的发展在欧洲建筑发展史上有着光荣的、无可替代的地位，但毕竟还只是开始，由于材料、技术以及其他因素的限制，那个时代创造的建筑很少，能够留存到今天让我们去探索和研究的更是屈指可数，因此，在这本书里我们还是愿意从广义的角度来探讨欧洲古典建筑的发展，以及不同时期不同建筑的风格特点。鉴于资源有限，我们不可能完整全面地将欧洲建筑的发展和成就全部呈现给大家，但至少我们能够让大家通过这本书的介绍，能更深刻的领会到：任何伟大的创举，它都是继承了前人类的智慧和思想不断发展升华得来的。正如古罗马建筑技术的发展，正是有了古希腊建筑的成就，才造就古罗马建筑的辉煌。之后的拜占庭建筑、罗曼式建筑、哥特式建筑、文艺复新建筑、巴洛克建筑等等，无一不是遵循这一规律。有了这样的认识，在今后的研究创作中，我们才能够更清楚地去看待继承与发展、创造与传承的关系。

欧洲人有句谚语：“光荣归于希腊，伟大归于罗马”。那么在我们所处的这个时代，我们将要创造怎样的光荣？我们又能拥有怎样的伟大？这需要我们共同努力。让我们一起期待！

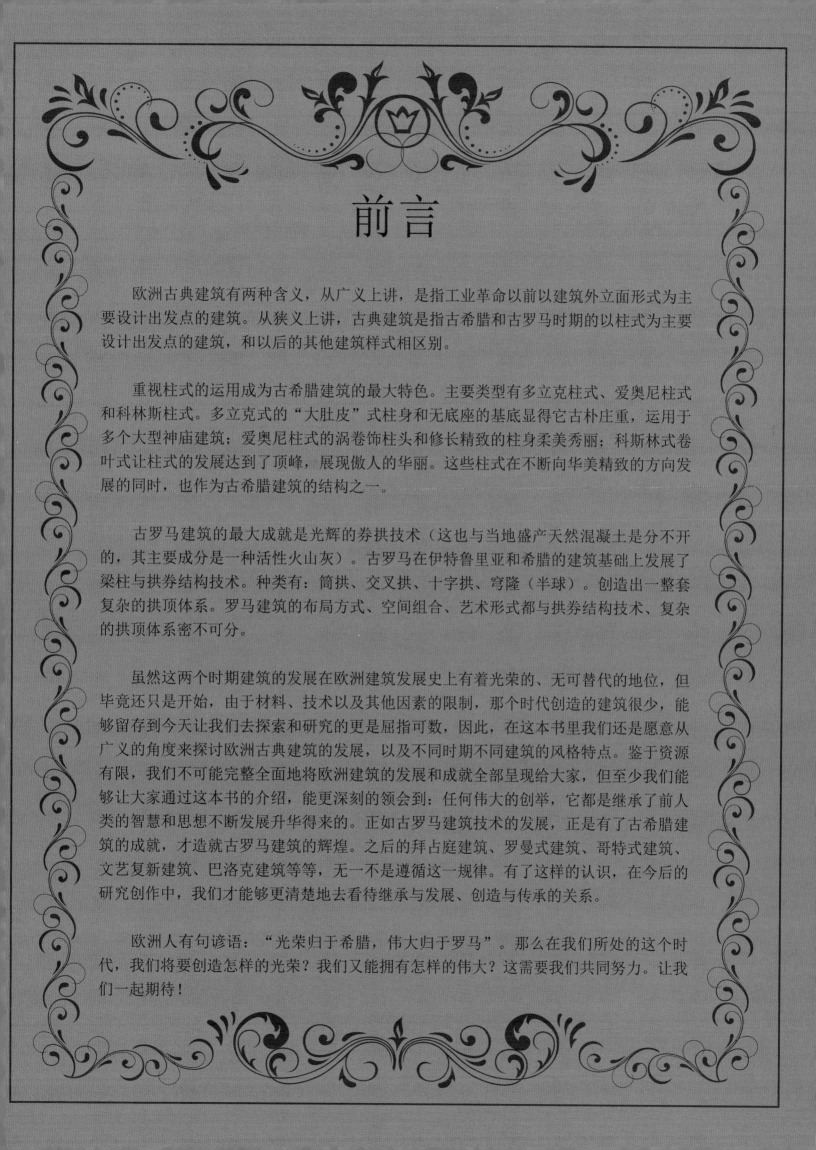

目录

文艺复兴建筑

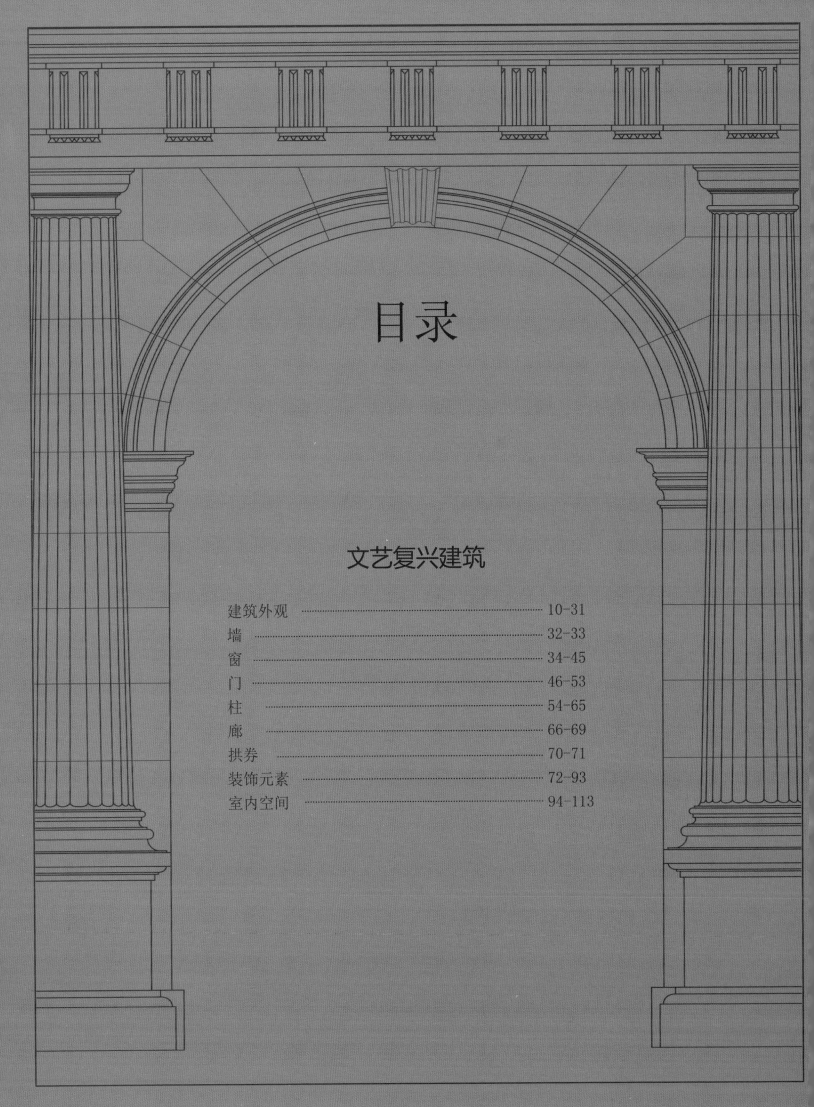

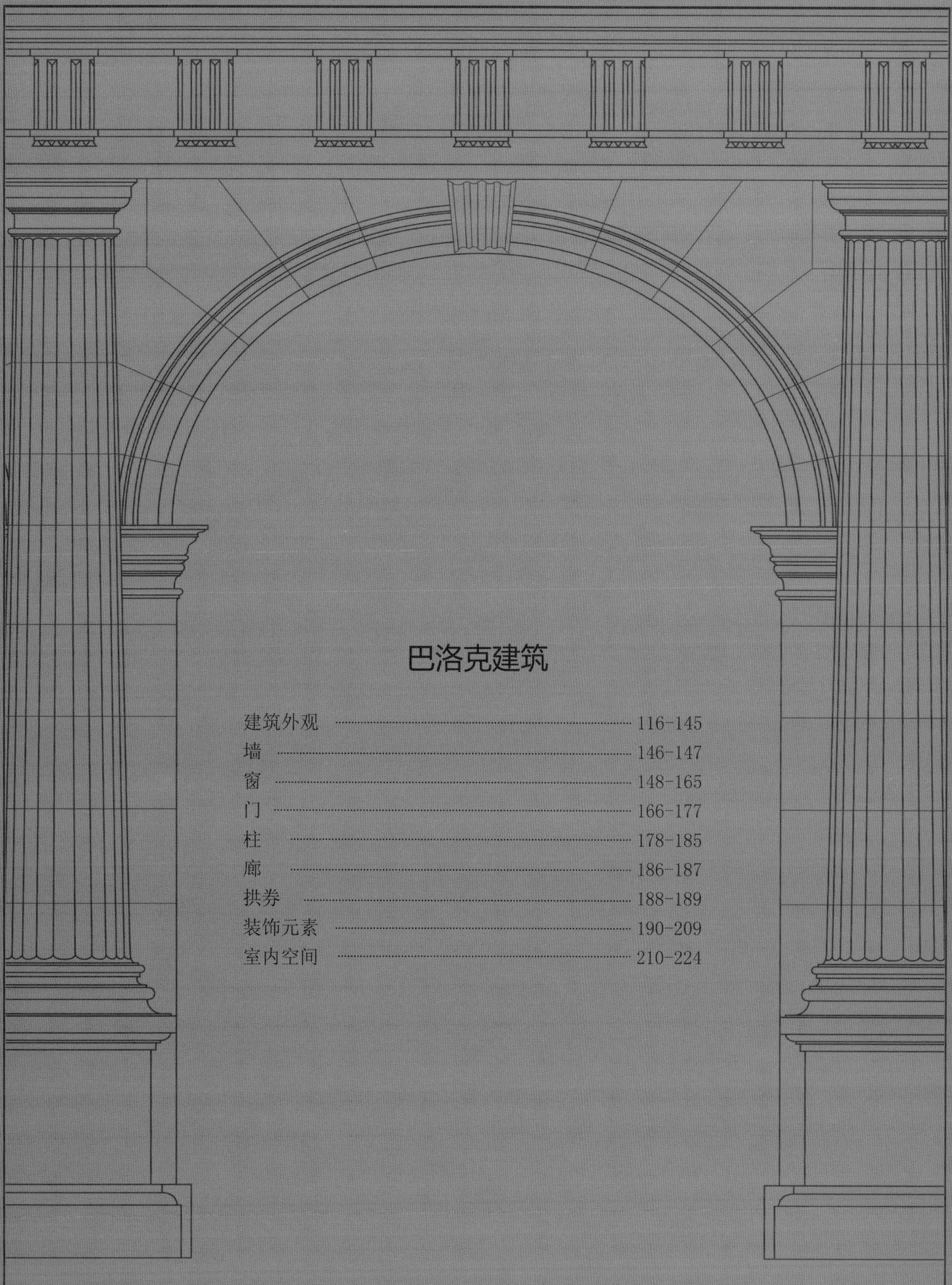

巴洛克建筑

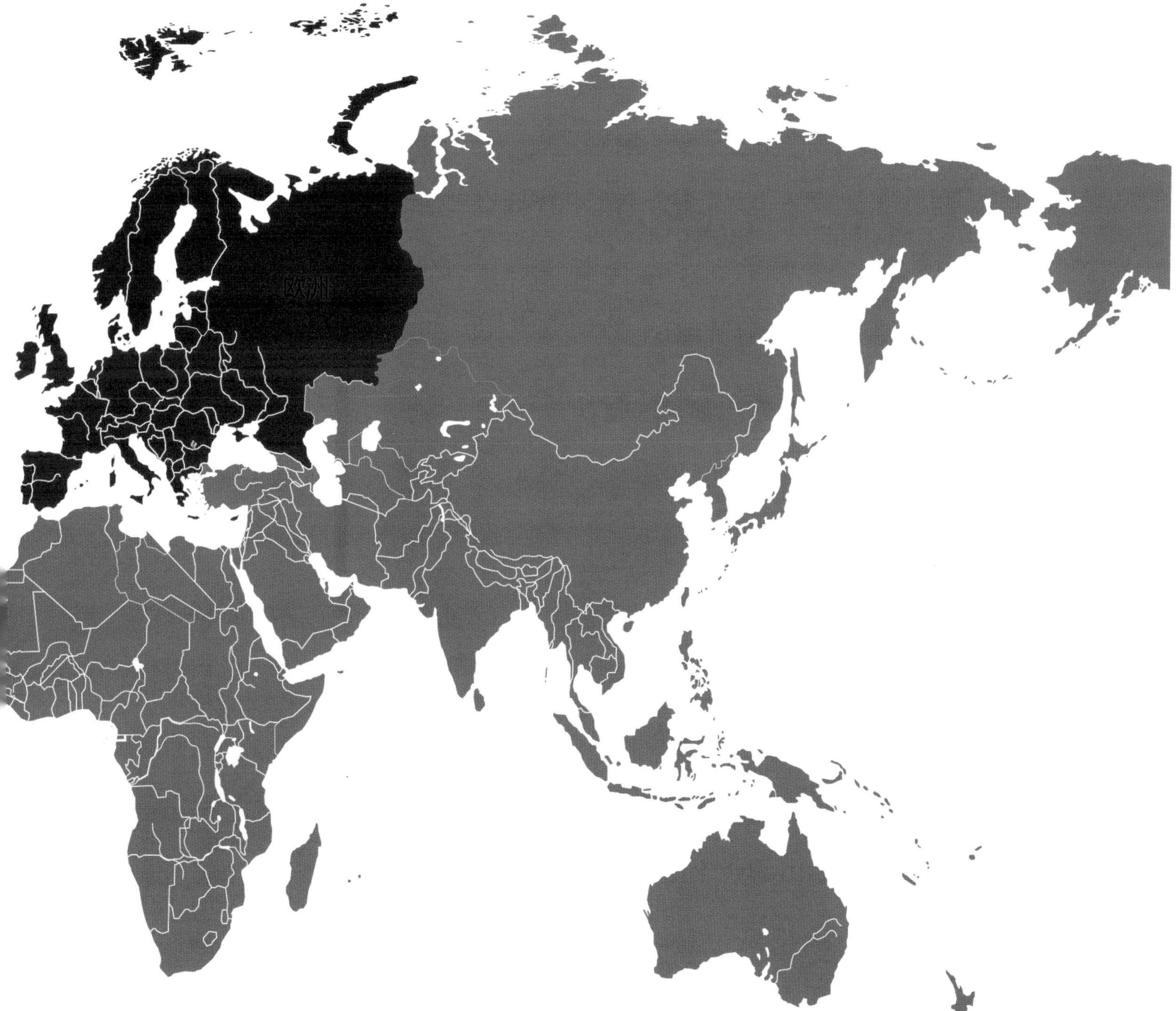
欧洲

RENAISSANCE

文艺复兴建筑

《欧洲古典建筑细部》

ARCHITECTURE

文艺复兴建筑

（时间：公元15～16世纪）

概貌

文艺复兴建筑，是欧洲建筑史上继哥特式建筑之后出现的一种建筑风格。15世纪产生于意大利，后传播到欧洲其它地区，形成了带有各自特点的各国文艺复兴建筑。而意大利文艺复兴建筑在文艺复兴建筑中占有最重要的位置。

文艺复兴建筑是15～19世纪流行于欧洲的建筑风格，有时也包括巴洛克建筑和古典主义建筑．起源于意大利佛罗伦萨。在理论上以文艺复兴思潮为基础；在造型上排斥象征神权至上的哥特建筑风格，提倡复兴古罗马时期的建筑形式，特别是古典柱式比例，半圆形拱券，以穹隆为中心的建筑形体等。例如，意大利佛罗伦萨美第奇府邸，维琴察圆厅别墅和法国枫丹白露宫等。

文艺复兴建筑是在公元14世纪在意大利随着文艺复兴这个文化运动而诞生的建筑风格。基于对中世纪神权至上的批判和对人道主义的肯定，建筑师希望借助古典的比例来重新塑造理想中古典社会的协调秩序。所以一般而言文艺复兴的建筑是讲究秩序和比例的，拥有严谨的立面和平面构图以及从古典建筑中继承下来的柱式系统。是欧洲建筑史上继哥特式建筑之后出现的一种建筑风格。15世纪产生于意大利，后传播到欧洲其他地区，形成带有各自特点的各国文艺复兴建筑。意大利文艺复兴建筑在文艺复兴建筑中占有最重要的位置。

特点

文艺复兴建筑最明显的特征是抛弃了中世纪时期的哥特式建筑风格，而在宗教和世俗建筑上重新采用古希腊罗马时期的柱式构图要素。

文艺复兴时期的建筑师和艺术家们认为，哥特式建筑是基督教神权统治的象征，而古代希腊和罗马的建筑是非基督教的。他们认为这种古典建筑，特别是古典柱式构图体现着和谐与理性，并同人体美有相通之处，这些正符合文艺复兴运动的人文主义观念。但是意大利文艺复兴时代的建筑师绝不是食古不化的人。虽然有人(如帕拉第奥和维尼奥拉)在著作中为古典柱式制定出严格的规范。不过当时的建筑师，包括帕拉第奥和维尼奥拉本人在内并没有受规范的束缚。他们一方面采用古典柱式，一方面又灵活变通，大胆创新，甚至将各个地区的建筑风格同古典柱式融合一起。他们还将文艺复兴时期的许多科学技术上的成果，如力学上的成就、绘画中的透视规律、新的施工机具等等，运用到建筑创作实践中去。

成就

意大利文艺复兴时期世俗建筑类型增加，在设计方面有许多创新。世俗建筑一般围绕院子布置，有整齐庄严的临街立面。外部造型在古典建筑的基础上，发展出灵活多样的处理方法，如立面分层，粗石与细石墙面的处理，叠柱的应用，券柱式、双柱、拱廊、粉刷、隅石、装饰、山花的变化等，使文艺复兴建筑呈现出崭新的面貌。世俗建筑的成就集中表现在府邸建筑上（见意大利文艺复兴时期的府邸建筑）。教堂建筑利用了世俗建筑的成就，并发展了古典传统，造型更加富丽堂皇。不过，往往由于设计上局限于宗教要求，或是追求过分的夸张，而失去应有的真实性和尺度感。

在文艺复兴时期，建筑类型、建筑形制、建筑形式都比以前增多了。建筑师在创作中既体现统一的时代风格，又十分重视表现自己的艺术个性。总之，文艺复兴建筑，特别是意大利文艺复兴建筑，呈现空前繁荣的景象，是世界建筑史上一个大发展和大提高的时期。一般认为，15世纪佛罗伦萨大教堂的建成，标志着文艺复兴建筑的开端。而关于文艺复兴建筑何时结束的问题，建筑史界尚存在着不同的看法。有一些学者认为一直到18世纪末，有将近四百年的时间属于文艺复兴建筑时期。另一种看法是意大利文艺复兴建筑到17世纪初就结束了，此后转为巴洛克建筑风格。

NCIPIS·APOST PAVLVS·V·BVRGHESIVS·ROMANVS PONT·MAX·AN

GENERALI

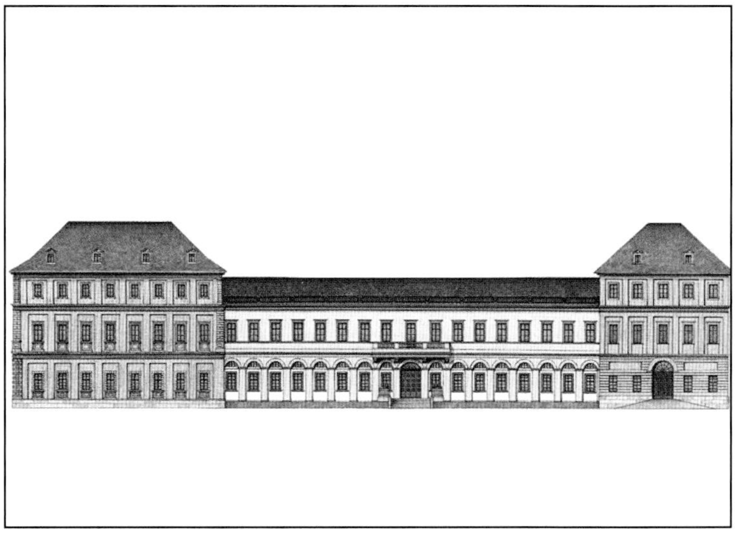

立面

墙

墙：石材、砖

意大利文艺复兴时期世俗建筑类型增加，在设计方面有许多创新。世俗建筑一般围绕院子布置，有整齐庄严的临街立面。外部造型在古典建筑的基础上，发展出灵活多样的处理方法，如立面分层，粗石与细石墙面的处理，叠柱的应用，券柱式、双柱、拱廊、粉刷、隅石、装饰、山花的变化等，使文艺复兴建筑呈现出崭新的面貌。世俗建筑的成就集中表现在府邸建筑上。

文艺复兴建筑墙体厚实，大型建筑外墙用石材，内部用砖，或者下层用石。上层用砖砌筑；底层多采用粗拙的石料。外墙颜色古朴，在墙上也会配上简单的线条装饰，很多柱子也是贴在墙面上，使整个墙面大气沉稳。

作为世俗建筑的府邸建筑，其中代表之一的意大利美第奇府邸，第一层墙面用粗糙的石块砌筑；第二层用平整的石块砌筑，留有较宽较深的缝；第三层也用平整的石块砌筑，但砌得严丝合缝。这种处理方法，增强了建筑物的稳定性和庄严感，为后来的这类建筑所效法。

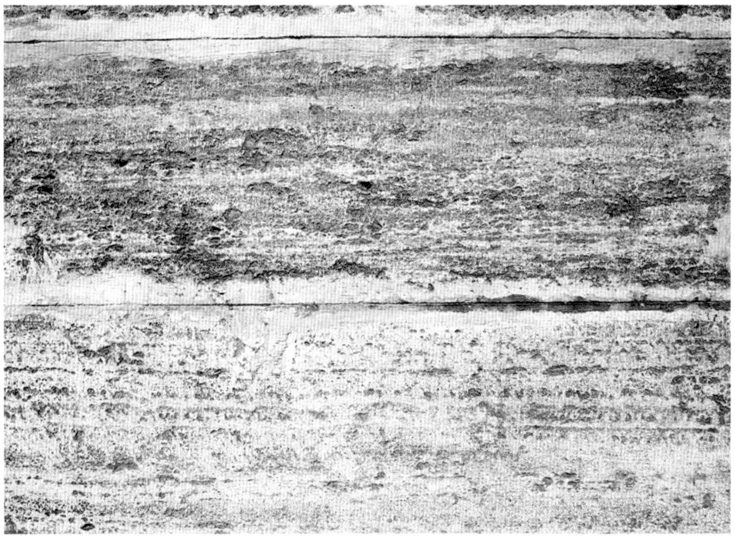

窗

窗：方形或半圆拱形

文艺复兴时期建筑的窗户多为方形或半圆拱形，摈弃了哥特式风格尖顶拱的形式，将古希腊、古罗马的建筑形制在这一时期加以继承和发扬，在文艺复兴建筑的窗户设计上，欧洲人严格遵循古建筑建造的理念和思想，运用比例和对称的关系来营造建筑的气势。在文艺复兴建筑窗户的建造过程中，有些窗户的底层多采用粗糙的石料，并故意留下粗糙的砍凿痕迹。很多窗户上下或左右成对称形。
文艺复兴建筑窗户的线条简洁明了，在窗子的周围大多会配上装饰线条，同时，在窗子的上方有些还会加上圆形的窗洞或是三角形的山墙，在窗子的两边配上人物雕塑，几个一组，下面有底座支撑。如果是拱形窗，，窗子的装饰则会更丰富，一般窗户两边会有圆柱支撑顶部的圆拱，拱券和柱子上刻有装饰，如涡卷和花纹，也会有人物，这些雕塑倚在拱券上，使整个窗子看起来独特且富有魅力！

G.PILON

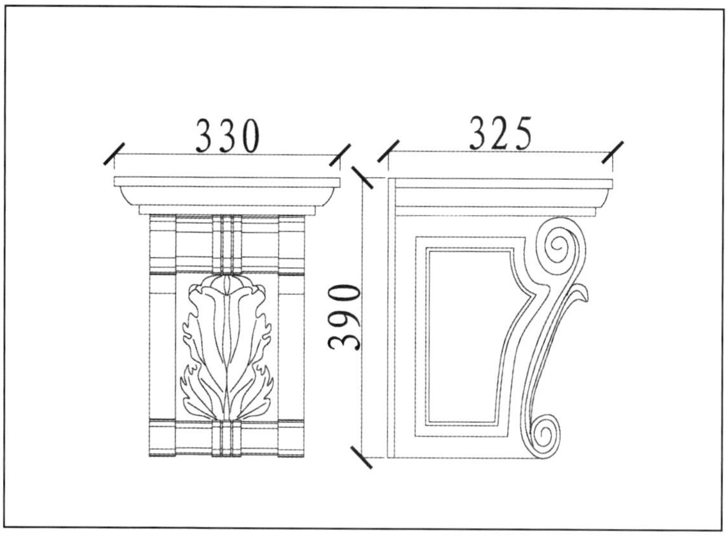
330
325
390

P. DE LESTOILLE

P. DE MONTREUIL

72
68
90

OREM PRINCIPIS·APOST PAVLVS·V·BVRGHESIVS·ROMANVS·PONT·MAX·AN·MD

ITALE

ROMA
musei in comune
Musei Capitolini

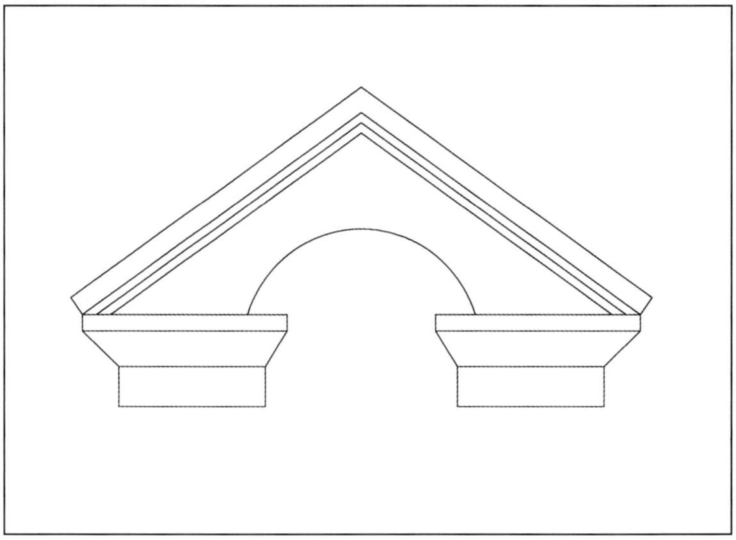

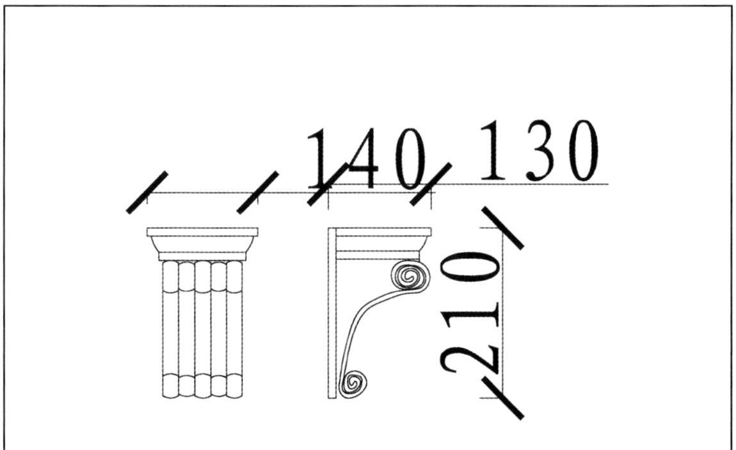
140
130
210

门

门：方形或半圆拱形

文艺复兴建筑的门为方形或半圆拱形，方形门大多用于世俗建筑或者开度相对较小的门，且装饰较少。半圆拱形门的两侧通常都有柱子，大多用于教堂或者宫殿，且开度相对较大，装饰极其丰富，除了柱子，还有雕塑，以及山形墙等。

文艺复新建筑门的规制很严格，每一类型的门都有其指定的用途和含义，譬如教堂建筑的每一扇门都有他们的名字，从哪一扇门进入也有不同的寓意，所以在很多建筑的正面往往不止一扇门，在这整排门的上面，以科林斯式巨柱作支撑，大圆拱上会有会有雕刻或绘画，周围布满山花和涡卷装饰。文艺复新建筑除了木门，还出现了铁艺门，造型独特，颇有艺术感！

入口大门

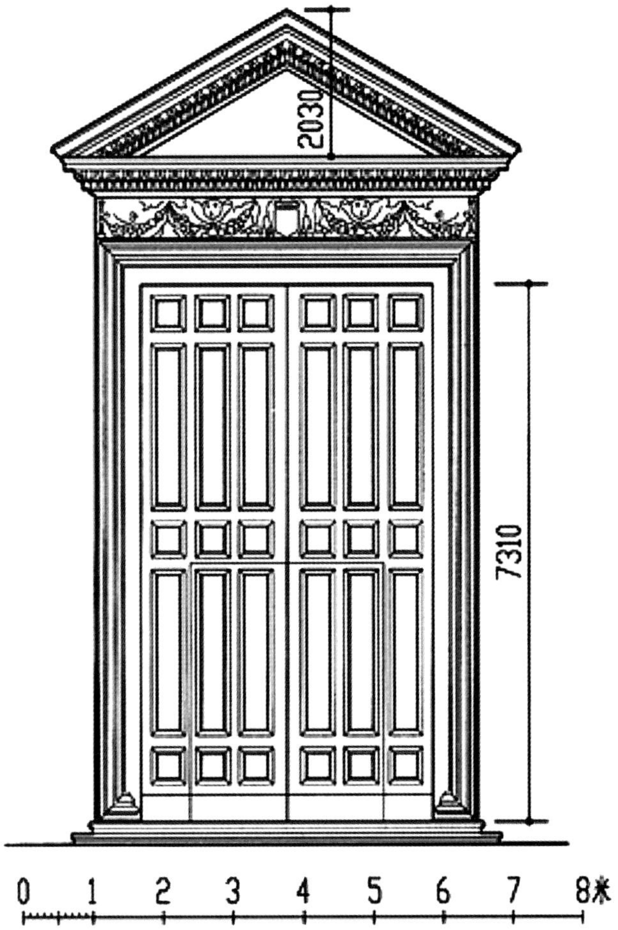

门立面

PAVLVS·V·PONT·MAX·A·X

T· PIOR·ELEMOSYNIS·ADIVTA·MINIM

OR·ELEMOSYNIS·ADIVTA·MINIM

REX REGVM ET
DOMINVS
DOMINANTIVM
MVSEO di Palazzo Vecchio
DAMIEN
HIRST
FOR
THE
LOVE
OF
GOD

REX REGVM ET
DOMINVS
DOMINANTIVM

REX REGVM ET
DOMINVS
DOMINANTIVM

柱

柱：古典柱式、方形柱

文艺复兴建筑继承和发扬的是古希腊和古罗马建筑的思想和形制，理所当然，它的柱式也会遵循古希腊和古罗马建筑的柱式来建造，同时在此基础上，根据建筑自身的需要，做了必要的改进和发挥。

文艺复兴初期建筑基本上只使用了古典柱式中最华美的两种，即科林斯式立柱和组合式立柱，其鲜明的特色主要表现在完美的柱形比例和茛苕叶的装饰。文艺复兴建筑中晚期虽然欧洲人严格依照古典柱式的形制建造立柱，但在柱式选择上则显得较为自由。尤其是在世俗建筑中，除了常用的古典柱式，还出现了方形壁柱。

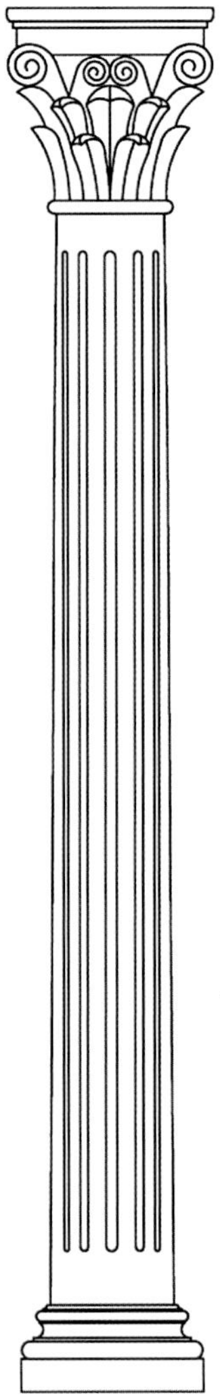

科林斯槽锥柱

Φ15H220
Φ18H220
Φ20H220
Φ22H220
Φ25H220
Φ28H220
Φ30H220
Φ35H220

ALEXANDE

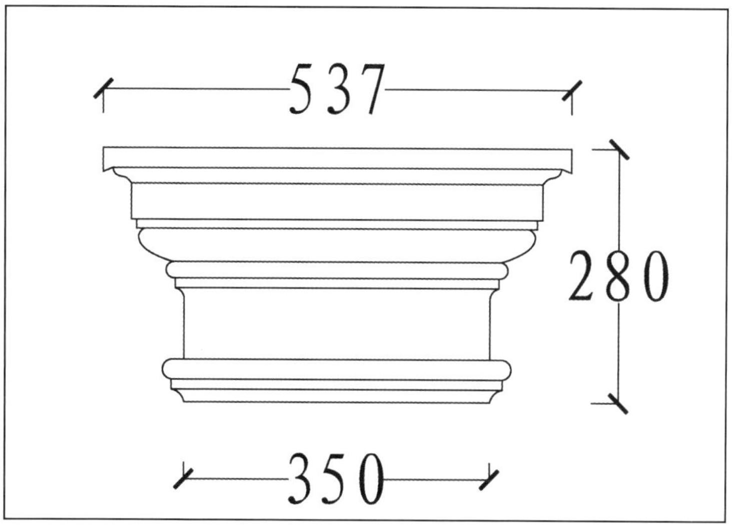
537
280
350

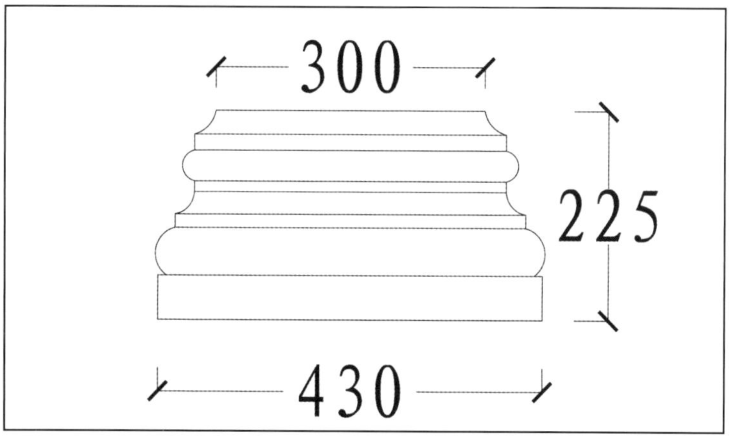
300
225
430

CIPIS·APOST·PAVLVS·V·BVRGHESIVS·ROMANVS·PONT·MAX·

CASSINI
1791·1861
E.SCRIBE

1703·1770
BOUCHER

LAVOISIER

1791·1861

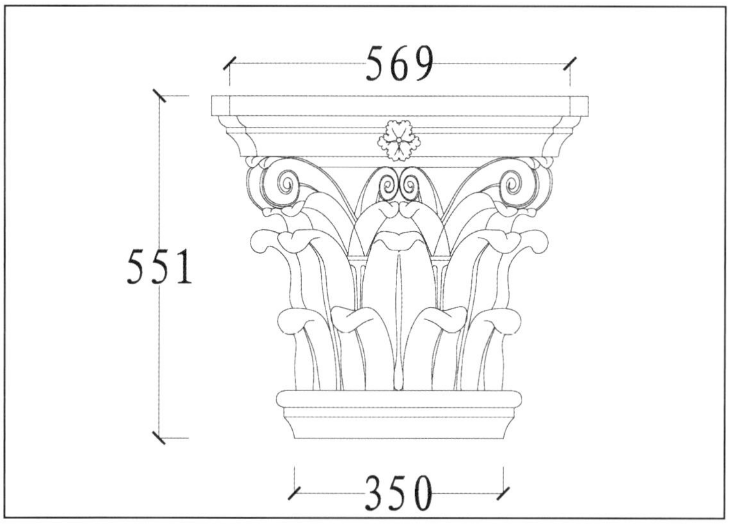
569
551
350

1703·1770

1795·1875

1714 · 1785

1714 · 1785
PIGALLE

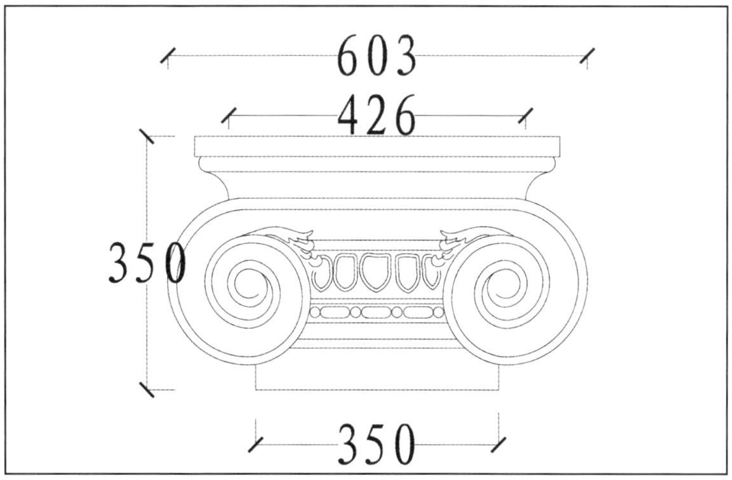
603
426
350
350

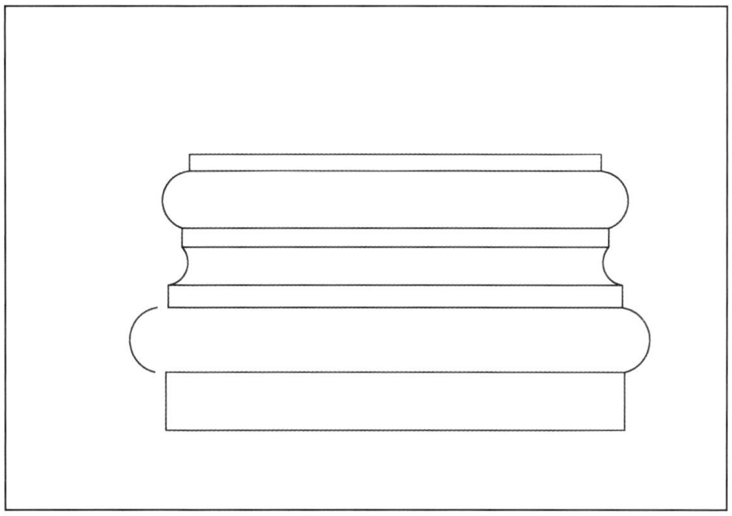

ETIENNE

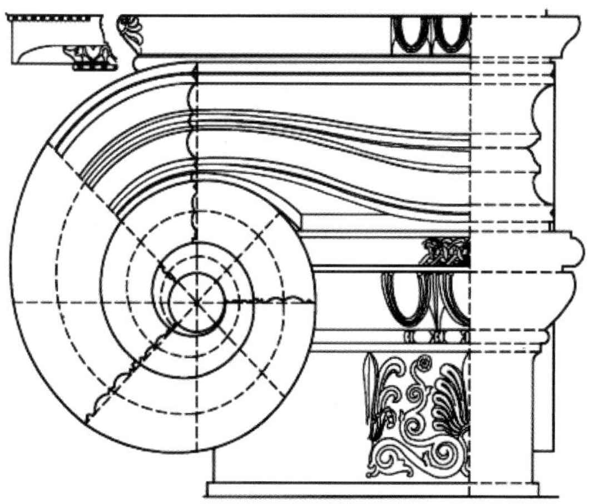

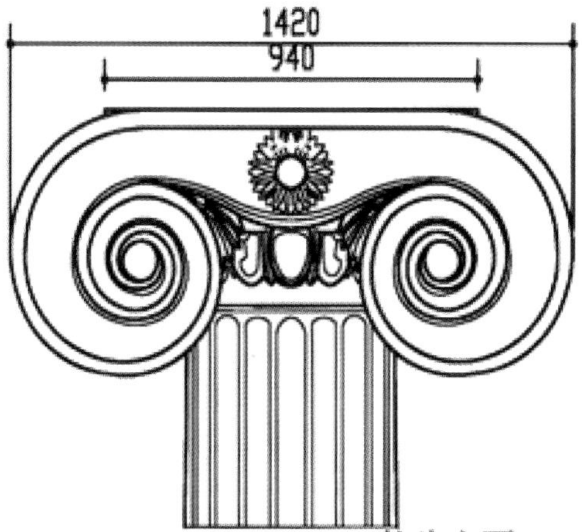

柱头立面

廊

廊：柱廊

文艺复兴建筑的走廊高大雄伟，通常由一排高大整齐的石柱构成，而柱子一般维多利克式，体重虽不大，但饱满有力，着重表现建筑物的雕刻感和雄伟的气势。有些廊的的顶部为拱顶，布满精美的装饰。有些也会采用古典的筒形拱顶彰显宏大的气势。在廊的入口出顶端通常会有山形墙，且廊的顶部通常还有排列整齐的雕像，且每个雕像所代表的人物一定是那个时代最有影响力或者最权威的人。
文艺复兴建筑时期，柱廊被广泛使用，尤其是在广场。柱廊的广泛流行，成就了文艺复新建筑的又一特色。
文艺复兴建筑柱廊的基本形式是：沿着广场周围是一排双柱廊，一般援助和房主并用，柱端顶部屹立着圣人雕像，气势磅礴，雄伟高大。

拱券

拱券：半圆拱

文艺复兴建筑提倡的是古罗马时期的建筑形制，讲究的是神圣的比例尺度和严肃的单纯朴素。在拱券的建造过程中，抛弃了琐碎的细节和艳丽的色彩，追求形式的庄重。拱券在建筑中除了直接和墙连接，通常也会用柱子来支撑，而支撑拱券的柱子也各不相同，有方柱，有圆柱，有无装饰的，又有简单装饰的，有的刻着人物、野兽，有的只是简单的花纹。文艺复兴建筑里的拱券除了承重的功能，越来越多地被用于装饰，特别在有些建筑上，整个建筑立面都有拱券，拱券与拱券相连，相连处再以立柱支撑，通过柱形的变化或者装饰的变化，让墙面变得更丰富，生动。

装饰元素

装饰构件：雕塑、山花、大钟

文艺复兴建筑的装饰通常用朴实、简洁的雕塑，拱券、大钟等元素，在古典建筑的基础上，发展出灵活多样的处理方法，如立面分层，粗石与细石墙面的处理，叠柱的应用，券柱式、双柱、拱廊、粉刷、隅石、装饰、山花的变化等，使文艺复兴建筑呈现出崭新的面貌。在崇尚古典的道路上，文艺复兴建筑比其他时期的建筑走得更远。

16世纪下半叶开始，世俗建筑出现。富商、权贵、绅士们的大型豪华府邸多建在乡村，于是，建筑装饰元素有了新的内容和手法，陆续出现塔楼、山墙、檐部、女儿墙、栏杆和烟囱，墙壁上常常开许多凸窗，窗额是方形。文艺复兴建筑风格的细部也应用到室内装饰和家具陈设上。府邸周围一般布置形状规则的大花园，其中有前庭、平台、水池、喷泉、花坛和灌木绿篱，与府邸组成完整和谐的环境。

ST·PAVLVS·V·BVRGHESIVS·ROMANVS

301
S. GREGORIUS ARMENIAE ILLUMINATOR
CCCI

CXII·PONT

AD
MAIOREM
DEI
GLORIAM

MVSEI VATICANI

NAPOLEON III EMPEREUR
REEDIFIE · DE 1861 A 1868 · L'AILE DU PALAIS DES TUILERIES
ELEVEE · DE 1607 A 1663 · PAR HENRI IV LOUIS XIII ET LOUIS XIV

1882

LAVOISIER

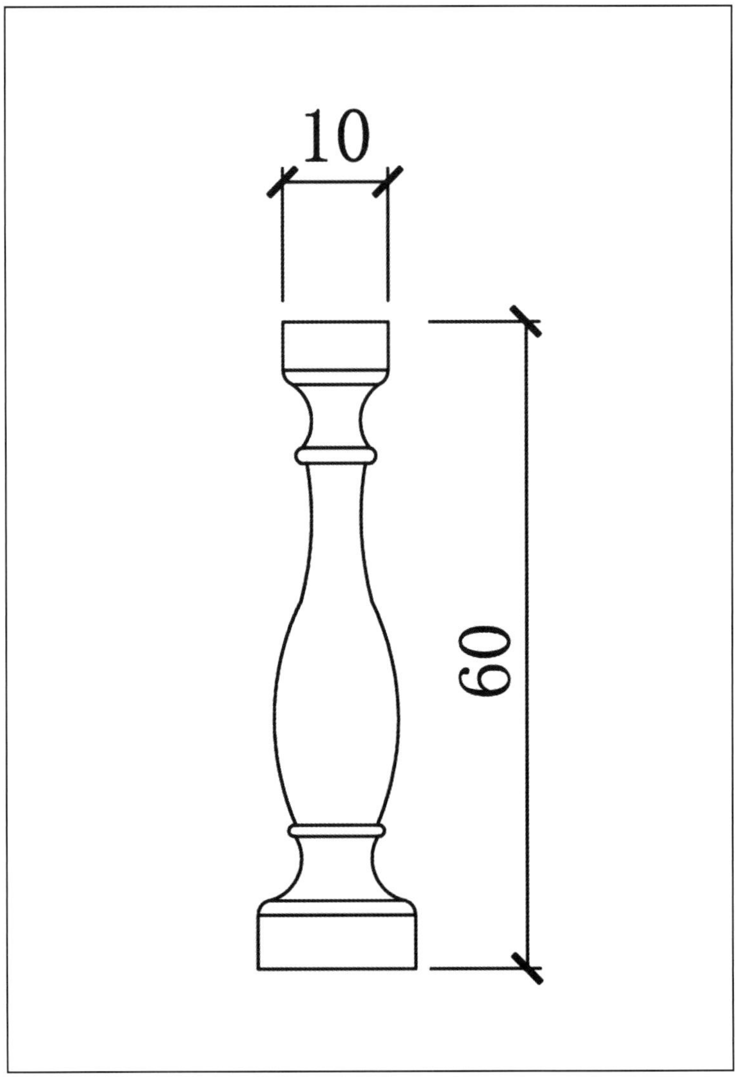
10
60

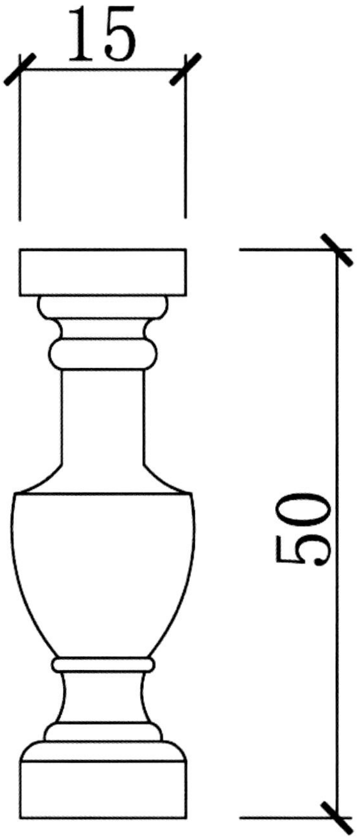
15
50

14
70

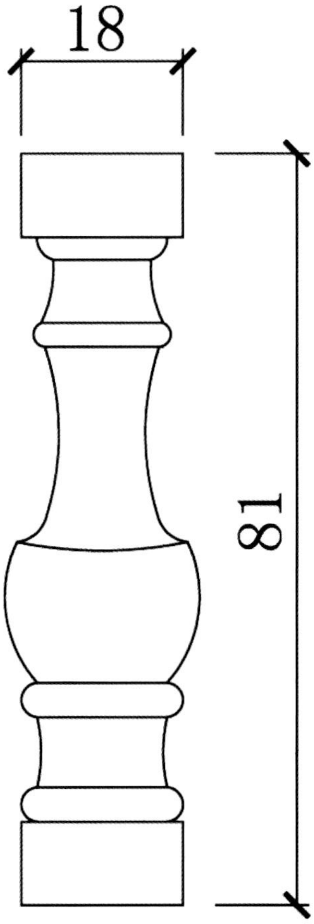
18
81

LOUIS XIV

3
4
5米

柱础

拱门缘饰之间的圆形浮雕

室内空间

室内空间：穹顶

文艺复兴时期提倡以穹窿为中心的建筑形体，穹顶的出现标志着意大利文艺复兴建筑史的开始。第一个完全的集中式穹顶是佛罗伦萨主教堂的穹顶。它是在建筑中突破教会精神专制的标志。它借鉴拜占庭小型教堂的手法，使用了鼓座，把穹顶全部表现出来，连采光亭在内，成了整个城市轮廓线的中心。这在西欧是前无古人的，因此，它是文艺复兴时期独创精神的标志（古罗马的穹顶和拜占庭的大型穹顶，在外观上是半露半掩的，还不会把它作为重要的造型手段）。无论在结构还是施工，穹顶首创性的幅度是很大的，标志着文艺复兴时期科学技术的普遍进步。
重视建筑设计与环境的结合，性质和风格具有市民文化的新特色，明确轻快、和易亲切，虽重新采用柱式但不很严谨，构图活泼。形体包含多种几何形，对比鲜明，它体积虽不大，而形象却很丰富。同时，各部分、各因素之间关系和谐、又有统率全局的中心，所以仍然独立完整，且从周围建筑物中凸现出来。明朗平易的风格代表着早期的文艺复兴建筑。

O PETRE VT NON DEFICIAT FIDES TVA

CAELORVM TV ES PETRVS

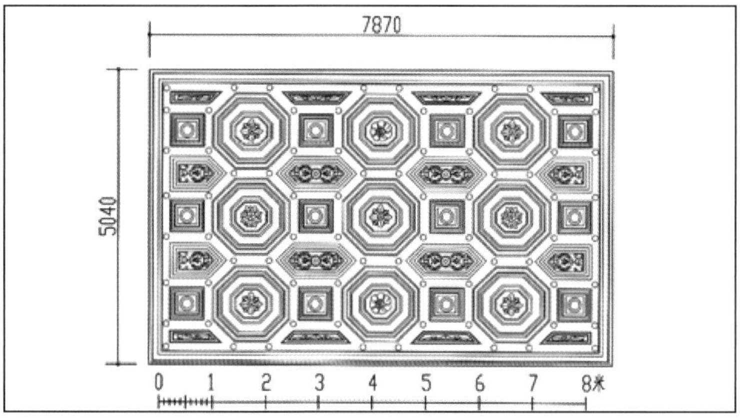
7870
5040
0 1 2 3 4 5 6 7 8米

OMNIA NOSTI TV SCIS QVIA DIL

FIDES

CLEMENS·X·PONT·MAX·
ANNO·IVBILEI·MDCLXXV·

文艺复兴建筑

巴洛克建筑

PIVS·VII·P·M·

NC PETRAM AE
HINC SACERDO
QVODCVMQVE LIGAVERIS

FIDES
MVNDO

入口门檐下顶棚

HERCVLES·CARD·CONSALVI
ROMANVS·AB·EO·CREATVS
PAX

SOLVTVM
ET

BAROQUE

巴洛克建筑

《欧洲古典建筑细部》

ARCHITECTURE

巴洛克建筑

（时间：公元17～18世纪）

概貌

巴洛克建筑是17～18世纪在意大利文艺复兴建筑基础上发展起来的一种建筑和装饰风格。其特点是外形自由，追求动态，喜好富丽的装饰和雕刻，强烈的色彩，常用穿插的曲面和椭圆形空间。

巴洛克风格打破了对古罗马建筑理论家维特鲁威的盲目崇拜，也冲破了文艺复兴晚期古典主义者制定的种种清规戒律，反映了向往自由的世俗思想。另一方面，巴洛克风格的教堂富丽堂皇，而且能造成相当强烈的神秘气氛，也符合天主教会炫耀财富和追求神秘感的要求。因此，巴洛克建筑从罗马发端后，不久即传遍欧洲，以至远达美洲。有些巴洛克建筑过分追求华贵气魄，甚至到了繁琐堆砌的地步。

从17世纪30年代起，意大利教会财富日益增加，各个教区先后建造自己的巴洛克风格的教堂。由于规模小，不宜采用拉丁十字形平面，因此多改为圆形、椭圆形、梅花形、圆瓣十字形等单一空间的殿堂，在造型上大量使用曲面。

巴洛克（Baroque）此字源于西班牙语及葡萄牙语的“变形的珍珠”。作为形容词，此字有“俗丽凌乱”之意。欧洲人最初用这个词指“缺乏古典主义均衡特性的作品”，它原是18世纪崇尚古典艺术的人们，对17世纪不同于文艺复兴风格的一个带贬义的称呼，现今这个词已失去了原有的贬义，仅指17世纪风行于欧洲的一种艺术风格。巴洛克建筑是欧洲17世纪和18世纪初的巴洛克艺术风格中的一个层面。17世纪起源于意大利的罗马，后传至德、奥、法、英、西葡，直至拉丁美洲的殖民地。从语源学上讲，巴洛克是一切杂乱、奇异、不规则、流于装饰的代名词。而这一时期的建筑也确实体现了这一点。它能用直观的感召力给教堂、府邸的使用者以震撼，而这正是天主教教会的用意（让更多的异教徒皈依）。

特点

概括地讲巴洛克艺术有如下的一些特点：1.它有豪华的特色，它既有宗教的特色又有享乐主义的色彩；2.它是一种激情的艺术，它打破理性的宁静和谐，具有浓郁的浪漫主义色彩，非常强调艺术家的丰富想象力；3.它极力强调运动，运动与变化可以说是巴洛克艺术的灵魂；4.它很关注作品的空间感和立体感；5.它的综合性，巴洛克艺术强调艺术形式的综合手段，例如在建筑上重视建筑与雕刻、绘画的综合，此外，巴洛克艺术也吸收了文学、戏剧、音乐等领域里的一些因素和想象；6.它有着浓重的宗教色彩，宗教题材在巴洛克艺术中占有主导的地位；7.大多数巴洛克的艺术家有远离生活和时代的倾向，如在一些天顶画中，人的形象变得微不足道，如同是一些花纹。当然，一些积极的巴洛克艺术大师不在此列，如鲁本斯、贝尼尼的作品和生活仍然保持有密切的联系。其具体表现为：(1)善用动势：不管是实际的，如波形的墙面或不断变化的喷射状的喷泉，还是含蓄的，如描绘成充满活力或动作显著的人物(不再如古典文艺复兴时的静态表现，而呈现歪斜配置的动感)。力图表现或暗示无穷感：例如伸向地平线的道路，展现无际天空幻觉的壁画，运用变换透视效果使其变得扑朔迷离的镜面手法。(2)强调光线：设计一种人为光线，而非自然的光，产生一种戏剧性气氛，创造比文艺复兴更有立体感、深度感、层次感的空间。造成轮廓线模糊，构图有机化，而有整体感。追求戏剧性、夸张、透视的效果。不拘泥各种不同艺术形式之间的界线，将建筑、绘画、雕塑等艺术形式融为一体。

巴洛克一词的原意是奇异古怪，古典主义者用它来称呼这种被认为是离经叛道的建筑风格。这种风格在反对僵化的古典形式，追求自由奔放的格调和表达世俗情趣等方面起了重要作用，对城市广场、园林艺术以至文学艺术部门都发生影响，一度在欧洲广泛流行。

意大利文艺复兴晚期著名建筑师和建筑理论家维尼奥拉设计的罗马耶稣会教堂是由手法主义向巴洛克风格过渡的代表作，也有人称之为第一座巴洛克建筑。

IN MAIOR DEI GLORIAM

DIVAE
MATRI
VIRGINI

HIER EPIS PORT CARD RVSTICVCIVS PAPAE VICAR A M DCIII

Wax museum voskové figuriny
No.68

HIRMER

GLORIA

HOTEL ROMANCE

BANK
BANK

A.D. 1899
ORLANDO = HAUS

墙

墙：简洁雅致，造型柔和

巴洛克建筑虽然总体特点是外形自由，追求动态，喜好富丽的装饰和雕刻、强烈的色彩。但表现在建筑外墙上相对较少，巴洛克风格教堂建筑外墙简洁雅致，造型柔和，装饰不多，外墙平坦，同自然环境相协调。有的宅邸建筑外墙和内部一样绚丽多姿，他们会在外墙上漆上明亮的颜色，与巴洛克风格相得益彰，墙上还会有粗细不等的线条装饰。由于巴洛克建筑的外立面为曲线形或者波浪形，外墙从整体看也不在一个平面上，墙上的雕刻和装饰也各具特色，尤其是人物雕塑看上去栩栩如生，非常动感。

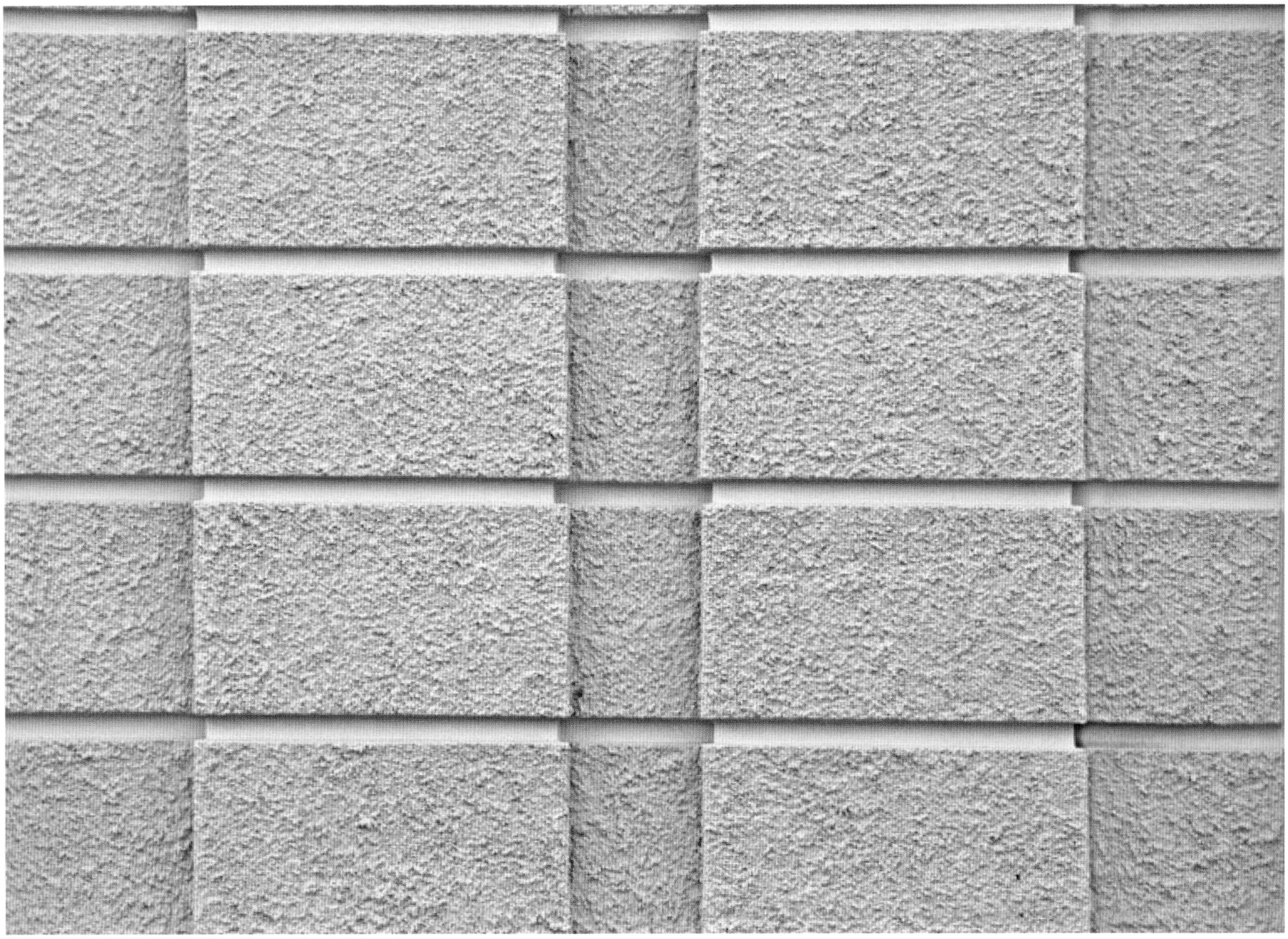

窗

窗：方形或半圆顶、多格子

巴洛克建筑的窗户和文艺复兴建筑的窗户相似，也呈中心对称，窗户顶部为方形、半圆形或梯形，窗户玻璃为透明装，并被分成多个格子，细部雕刻细腻，顶部有动物或人物雕刻，有呈涡卷曲线的断折山花，精致的雕刻显得精致活泼，富于艺术感。也有什么都不装饰的简单的方形或圆形窗，有的窗户下有栏杆装饰有的由普通的花瓶柱构成，也有的有圆形花萼行窗台配以铸铁曲线栏杆，栏杆栅格可以有不同的装饰花型，形状奇异而优美，风格独特、华丽。

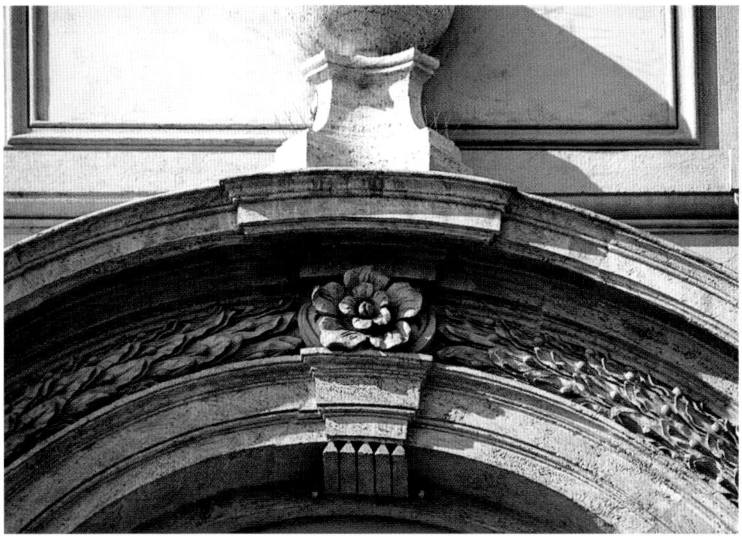

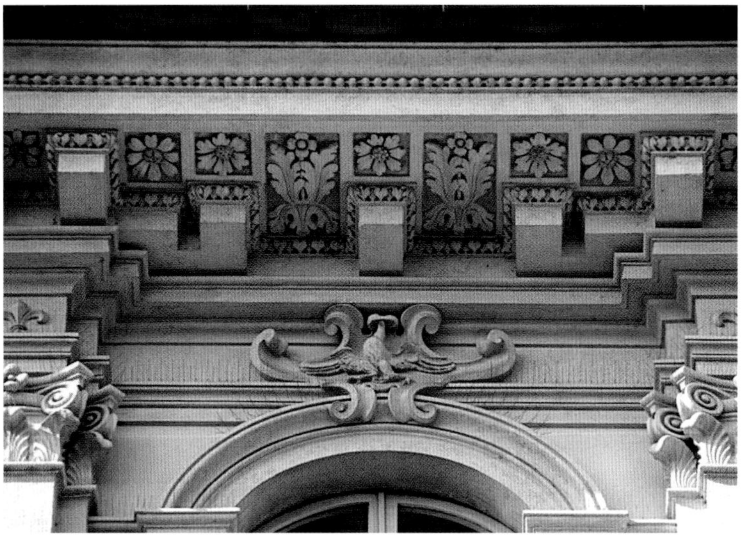

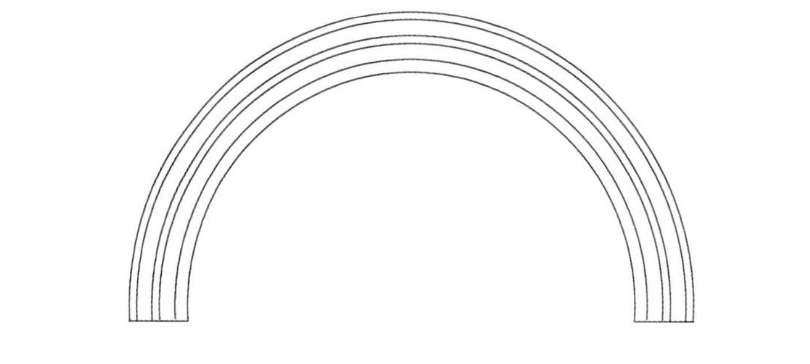

窗户顶部半圆形缘饰

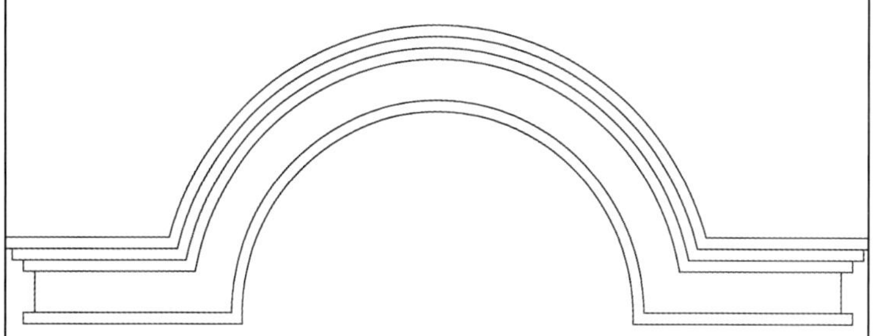

窗户顶部带檐口半圆形缘饰

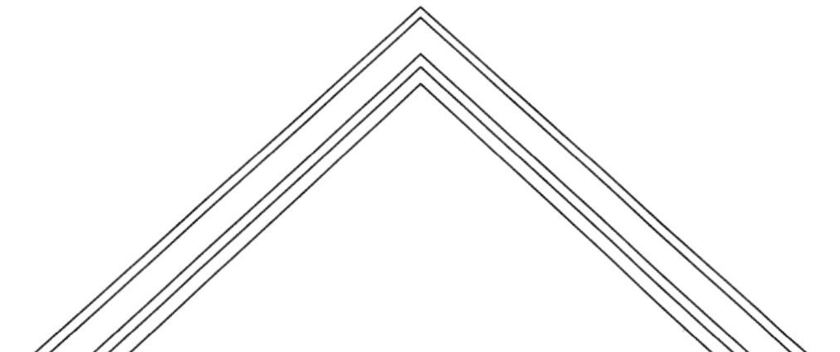

窗户顶部三角形缘饰

窗户顶部弧形缘饰

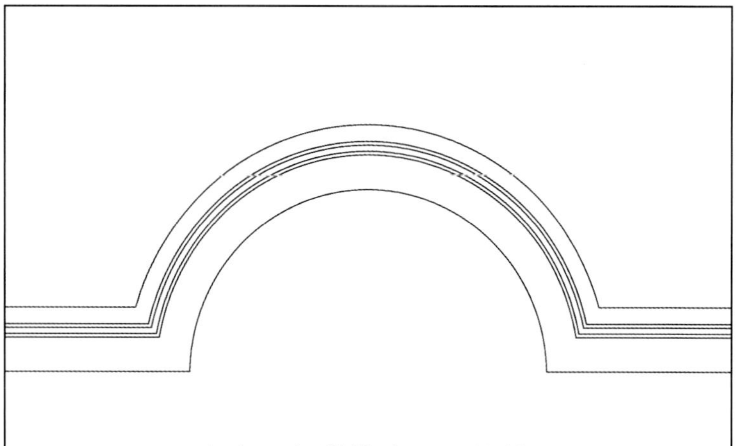

窗户顶部带檐半圆形缘饰

门

门：圆拱形或方形

巴洛克建筑的门和窗户一样，顶端呈圆拱形或者方形，圆拱形门的顶部一般有半圆形窗，窗户的玻璃为透明玻璃。也有不装玻璃的，用料和门统一，做成格栅或者雕花。有些门的两边还会有门柱，通常是开度相对较大的门，柱式一般为科林斯式或混合式。正门上面分层檐部和山花做成重叠的弧形和罗马耶稣会教堂三角形，大门两侧采用了倚柱和扁壁柱。立面上部两侧作了两对大涡卷。这些处理手法别开生面，后来被广泛仿效。

SCHLOSSTHEATER
EINGANG

21

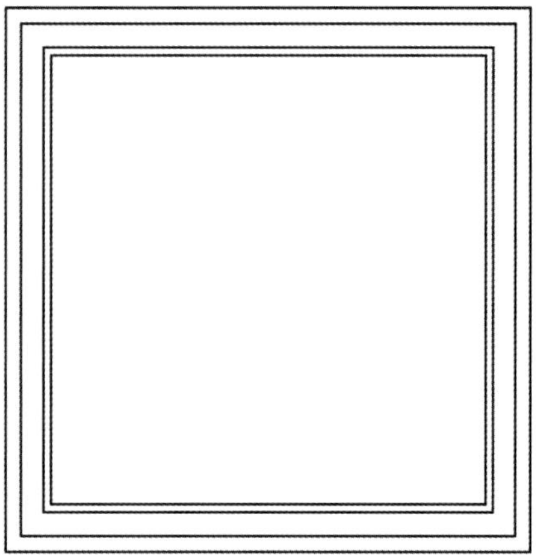

大门顶部正方形装饰造型

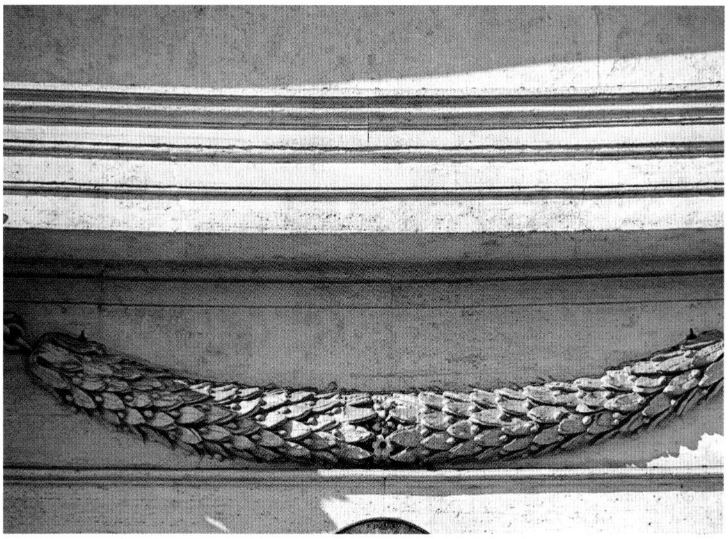

SPIRITUI SANCTO

CUM ANGELIS
ET ARCHANGELIS

EMALIGE HOFSILBER-
TAFELKAMMER
ISERAPPARTEMENTS
KAISERTOR

EHEMALIGE HOFSILB
& TAFELKAMMER
KAISERAPPARTEMEN

Schlosskapelle

HOTEL

Hotel Jiskra Hotel
1
301
HOTEL

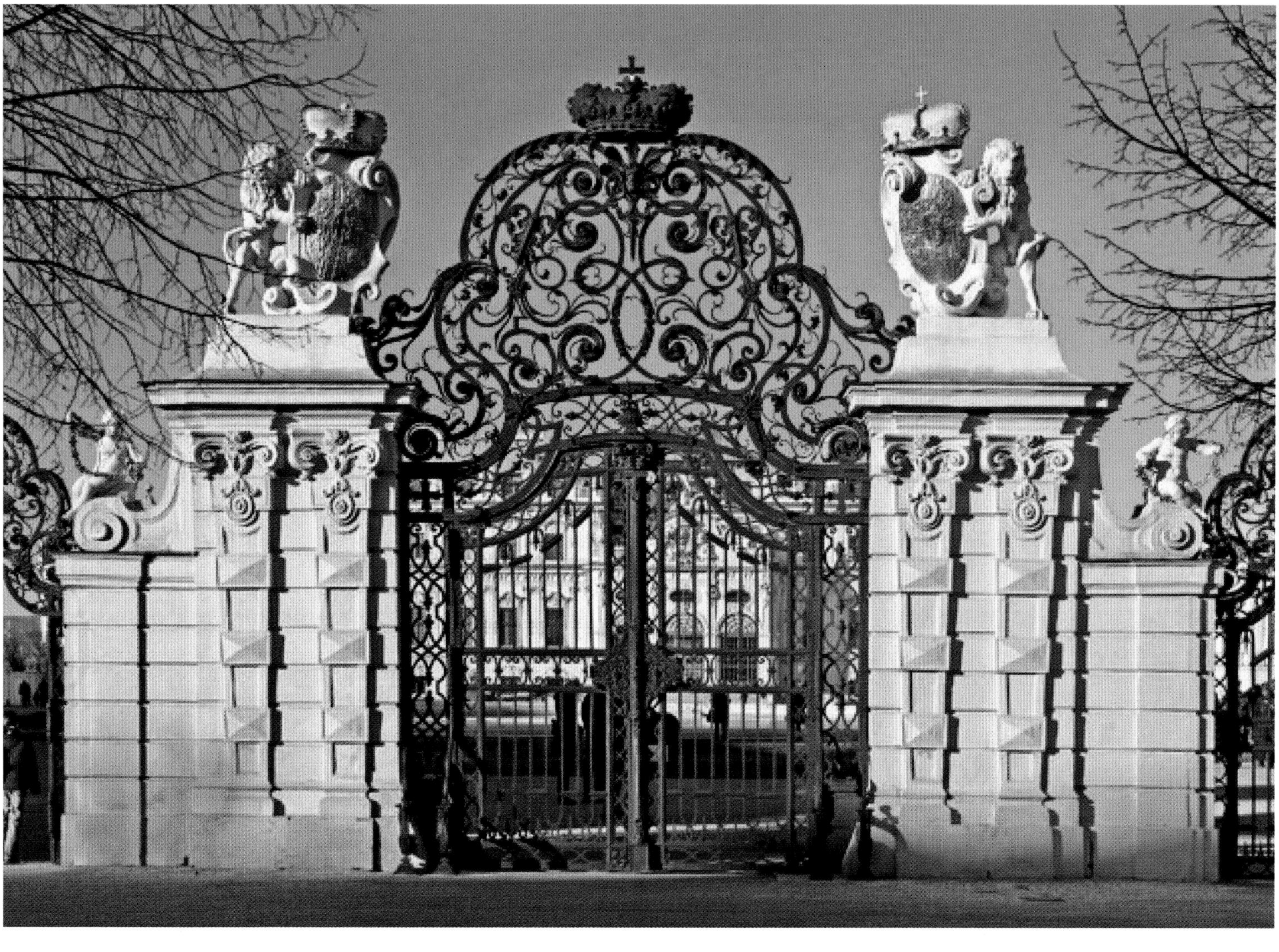

柱

柱：重叠壁柱、双柱

巴洛克建筑在文艺复兴建筑的基础上，发展了具有自身特点的重叠壁柱等，利用非理性手法来表现自由活动充满动感的建筑形态，用柱子的疏密排列来制造立面与空间的凹凸起伏和运动感。巴洛克建筑内部大厅的柱子都刻有人像，柱顶布满浮雕装饰。巴洛克的的柱式被重叠运用，常见双柱并列形式，而有的叠柱也没有采用这种形式，而是使用重复错位叠置和变形的薄柱使得整个立面不同于一般的巴洛克建筑。柱头上采用曲折多变、雄厚有力的多重不规则曲线线脚，它们层层叠叠的出挑和具有节拍性的凸凹与其他构件在同一个立面上形成强烈的立体感。

17世纪早期巴洛克建筑代表是马德诺完成米开朗琪罗未完成的圣彼得教堂，他用戏剧性的方式强调正门，例如由扁平的方柱变为半圆柱，再变为四分之三圆柱，使建筑的立体塑形复杂多变，动态强烈。他所设计凸出的门面或深凹的门面，都使得教堂和前面广场上的空间能更进一步地连接起来。

PERFECIT
POSITUS SIGNIS ET ANA
GLYPHIS

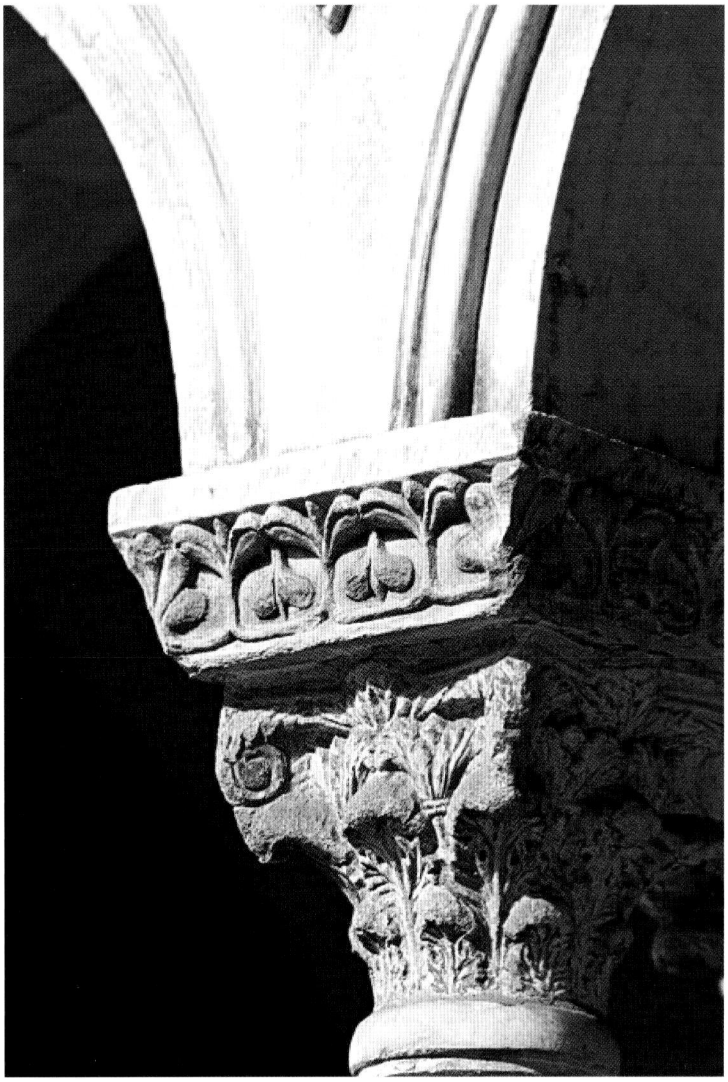

GLYPHIS TA
SV CLEMENTIS·XIII

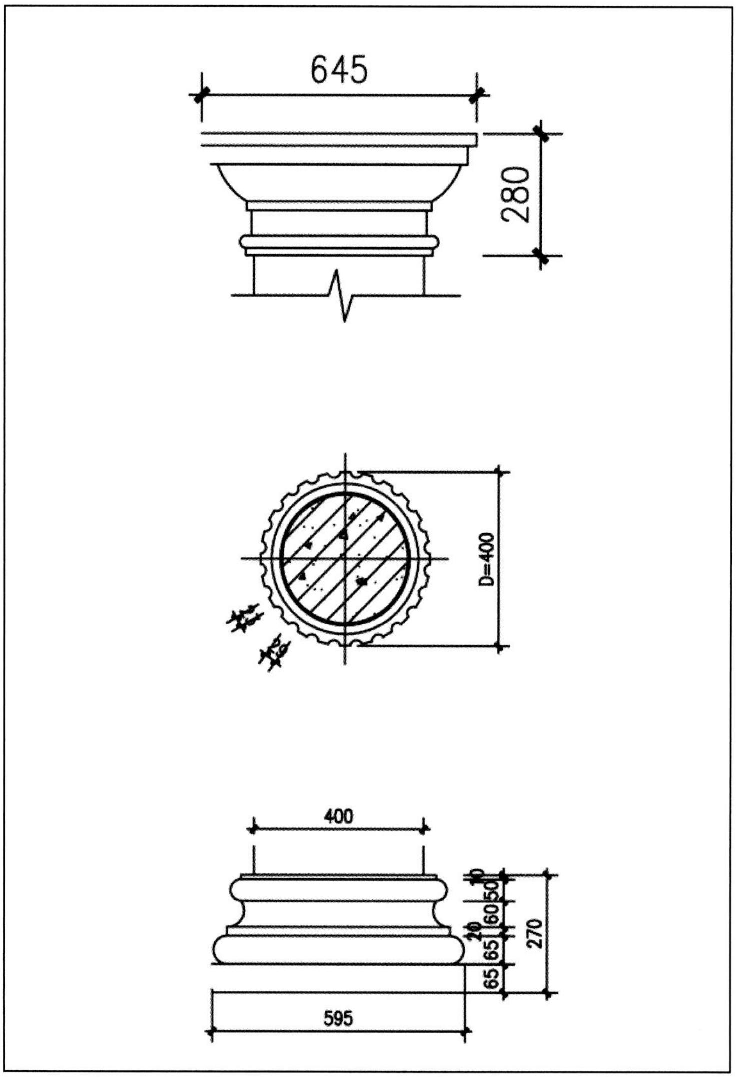
645
280
D=400
400
10
50
60
20
65
65
270
595

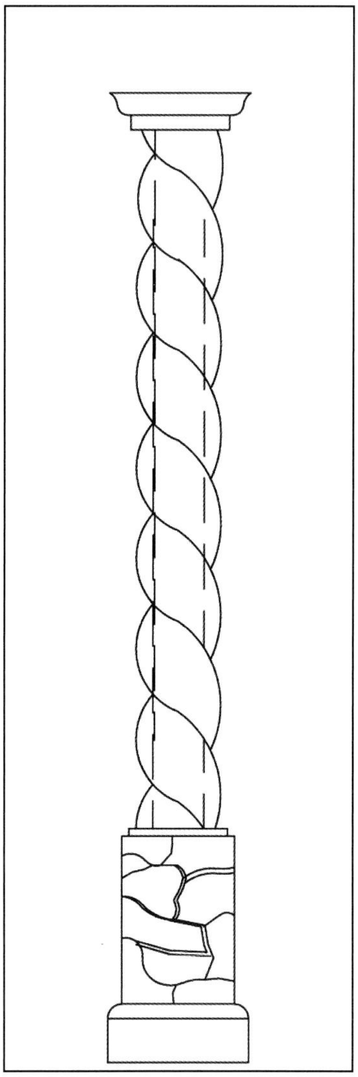

廊

廊：不规则、曲线形

巴洛克建筑的廊形式简单，线条明快，没有装饰，构造也不复杂。通常顶部为拱顶或者平顶，支撑顶部的通常是多立克柱或者方柱，有些廊的柱子排列并不成直线，而是弯弯曲曲似波浪状。用规则的波浪状曲线和反曲线的形式赋予建筑元素以动感的理念，是所有巴洛克艺术最重要的特征，巴洛克建筑的典型特征是椭圆形、橄榄形以及从复杂的几何图形中变化而来的更为复杂的图形。巴洛克建筑廊的规格依照建筑形式的需要而设定，它完全摈弃了文艺复兴建筑的规制和标准，在追求自由奔放的格调和表达世俗情趣等方面发挥得尽致淋漓。

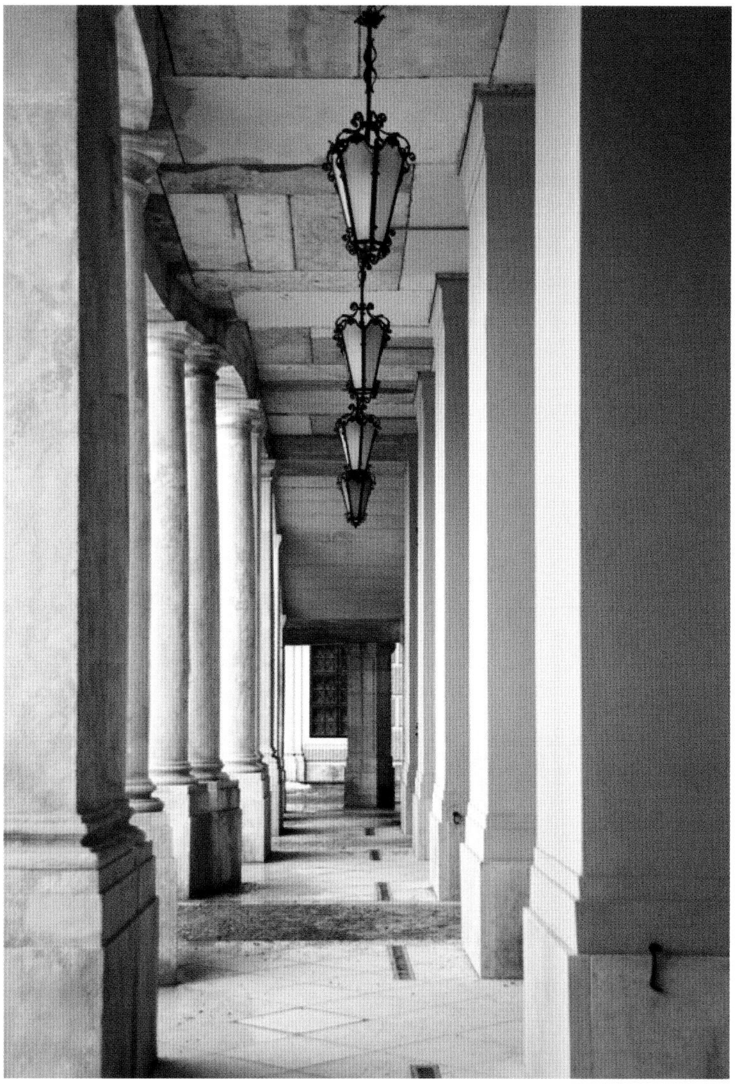

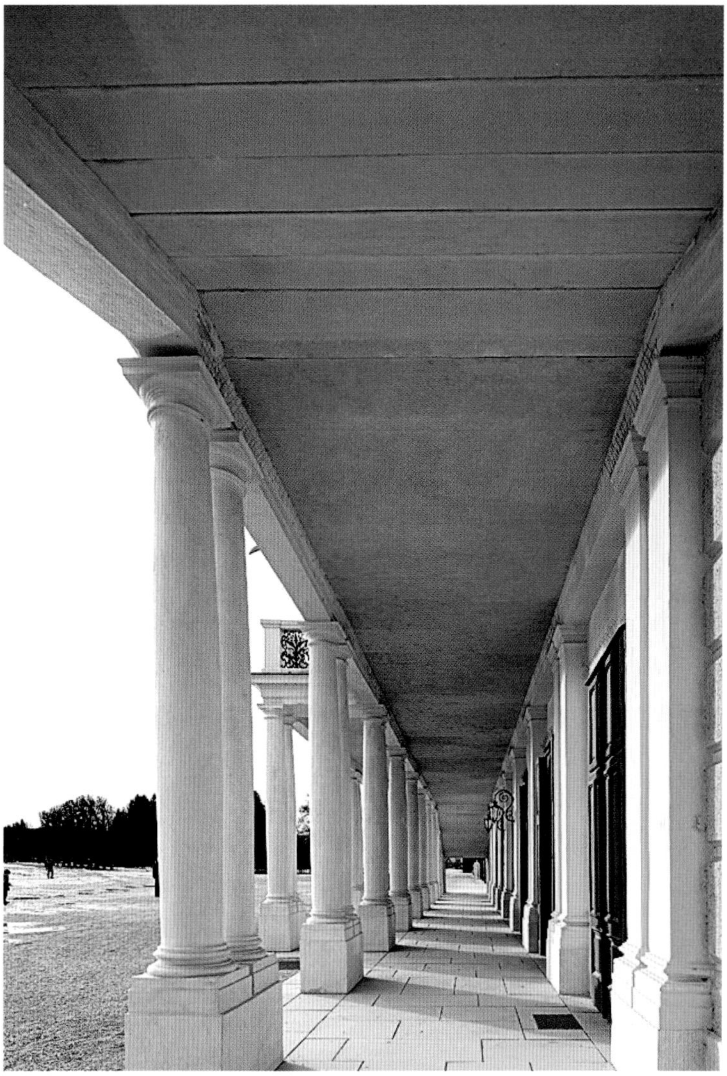

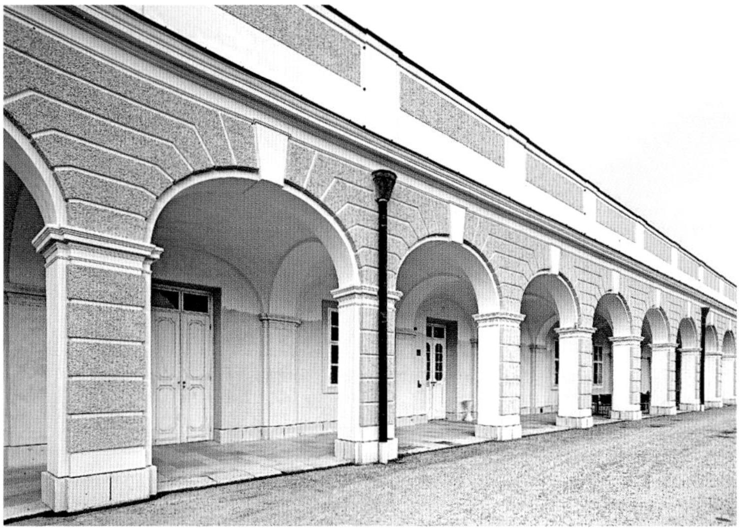

拱券

拱券：半圆拱、多装饰

巴洛克建筑的拱券与文艺复兴时期建筑的拱券在结构上没有什么区别，也是柱拱组合，有单栱、双拱、还有多联拱。唯一不同的是他们的装饰手法和风格。巴洛克建筑拱券的顶部有简单的涡卷装饰，也有女神雕像，一般是左右各一个，倚在拱券上。支撑拱券的是柱子，有简单的方柱，也有圆柱。有些高位的拱券还配有栏杆。有些拱券弧度较大，接近方形，下面有方形柱支撑，柱身较粗。这样的拱券大多跨度较大，接近地面。
巴洛克建筑的拱券与以往不同建筑时期的拱券相比，其功能已大大地削弱，它不再被作为装饰大量地被用于建筑，更多的只是用于门窗或者廊道。

装饰元素

装饰构件：色彩丰富、绘画、贵金属、雕塑

巴洛克建筑上的装饰有些繁琐，不大注重实用性和结构性，只追求表面印象和效果，只讲装饰的豪华。压檐栏杆逐渐成为编结纹式的花墙了；楼梯扶手栏杆成为曲线透雕，上面又有浮雕，而且栏杆上加人形灯柱和雕饰丰富的装饰花瓶。雕刻人物都有紧张的动势感：头发和衣服在飘动，肌肉高高隆起，神情激昂；铜质或包金。壁画采用螺旋式的动荡构图，色彩追求艳丽，强调明暗对比，通过建筑造型、透视法则的运用和色彩的冷暖，构成深广的虚假空间。宗教画的主要题材是宗教故事、神话和历史场景。世俗画主要是表现风俗、历史事件和人物肖像等内容的油画。画框也刻满卷曲形的花纹。纹样装饰爱用无拘无束的各种曲线，富有动荡感与活力，没有固定的规律。工匠们在三合土灰泥墙上随心所欲地绘制纹样。中国纺织品和瓷器上的纹样对巴洛克装饰产生重大影响。壁纸在室内装饰中普遍应用：中国的壁纸已于公元16世纪传入欧洲，在巴洛克时期广泛使用壁纸贴墙，尤其在府邸、别墅和宫殿中，特别爱用金色花纹的壁纸，以体现豪华性。壁布在巴洛克时期也受到欢迎，即用织棉做壁布，以显示豪华和富有。在公元17和18世纪交替时，在荷兰、法国和德国等国家开始用皮质壁布，或做软包墙面。在皮革上，用暖色和金色画出植物纹样，其中夹杂着人物和鸟兽。木片前做装饰是继承文艺复兴时期的技法，在墙面、门头与家具上使用。螺钿镶嵌也颇受欢迎，使用锡片、黄铜、贝壳和龟甲等做家具、器物表面的镶嵌。教堂外立面爱用双柱式、壁柱、带雕像的圆龛、圆或椭圆形窗、带涡卷的山墙和中断式山墙，檐上有压檐花式栏杆。

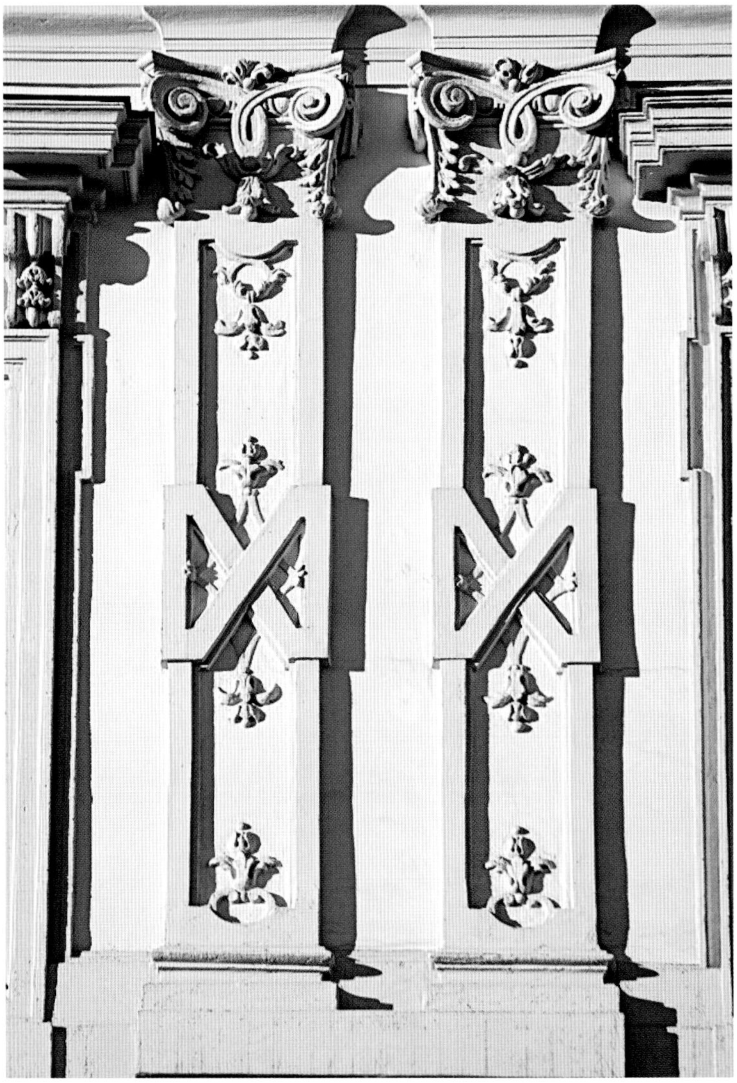

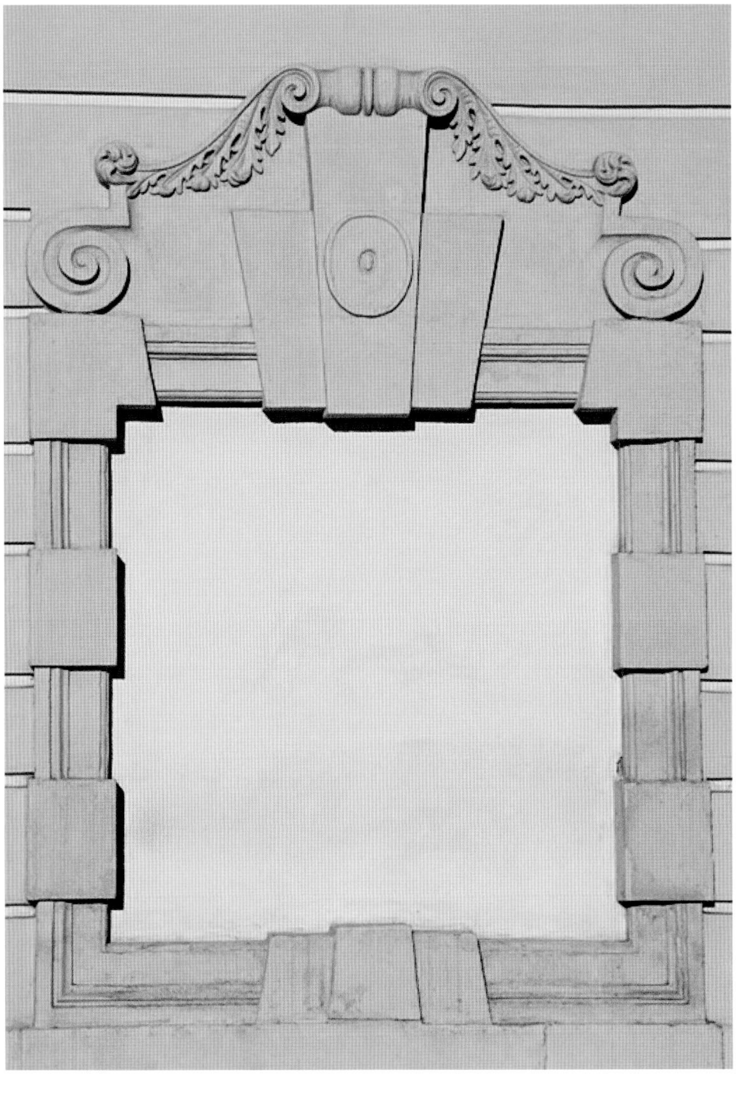

GLYPHIS TA
IVSSV CLEMENTIS XIII PONT MAX
NI CVLTV AB

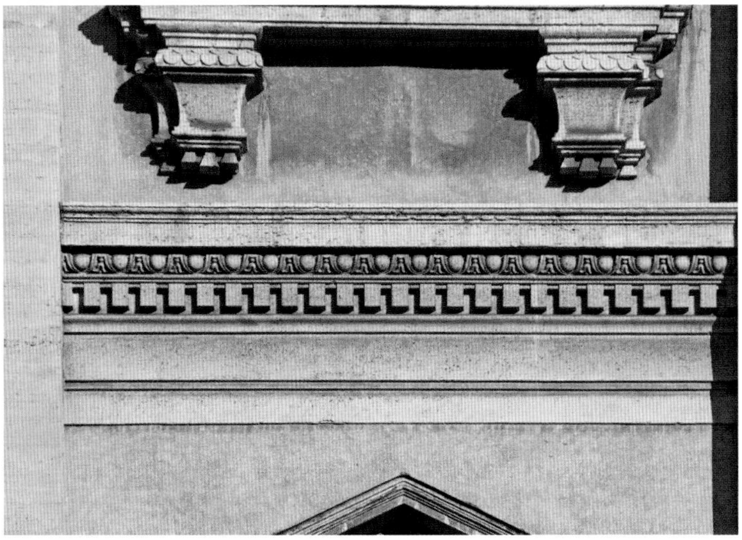

CLEMENS XII·PONT·MAX·
AQVAM VIRGINEM
COPIA ET SALVBRITATE COMMENDATAM
CVLTV MAGNIFICO ORNAVIT
ANNO DOMINI MDCCXXXV·PONTIF·
BENEDICTVS

室内空间

室内空间：色彩艳丽、开阔

巴洛克建筑室内空间具有豪华、隆重和金碧辉煌的视觉效果。这种效果的取得是由于采用了以下手段：首先是使用贵重的建筑材料，如大理石、花岗岩、真金和金箔、黄铜、宝石、象牙等做建材或界面装修材料，做建筑构件；其次是雕塑用铜、金制作；三是壁画和天顶画的色彩极其鲜艳；四是色彩组合为白、红、金和少量的黑色，以白色为主；五是空间界面上覆盖很多装饰纹样与雕像，而且是贴金或用铜、金制成的。以上各元素综合起来就形成了光彩夺目的诱人效果。

巴洛克教堂平面以拉丁十字形为主，后来广泛地应用圆形、椭圆形、圆头十字形的平面，还有星花辐射状的向心式平面。教堂顶部在穹顶下的鼓座有窗可采光，穹顶上部有灯笼幢（采光亭），这种造型很流行。即使是梨形圆顶或葫芦形圆顶，顶部都有采光亭。教堂室内的中央通廊比较高大和宽敞，侧通廊则较低矮、窄小。但室内装饰装修很华丽（湿壁画、金色雕刻、白墙、红色大理石地面）。

巴洛克宫殿、别墅、府邸和庄园大多是三层高，一般底层和第三层窗子较小，作为次要用房和奴仆们的用房。第二层楼的房间高大、窗子也大，作为接待室和主人起居用房，设有装饰华丽的阳台，有的还建有豪华的户外楼梯（栏杆、雕像、花瓶都很讲究），压檐花栏杆和阁楼上多半有雕像。门贴脸和门厅的装饰都很下功夫。

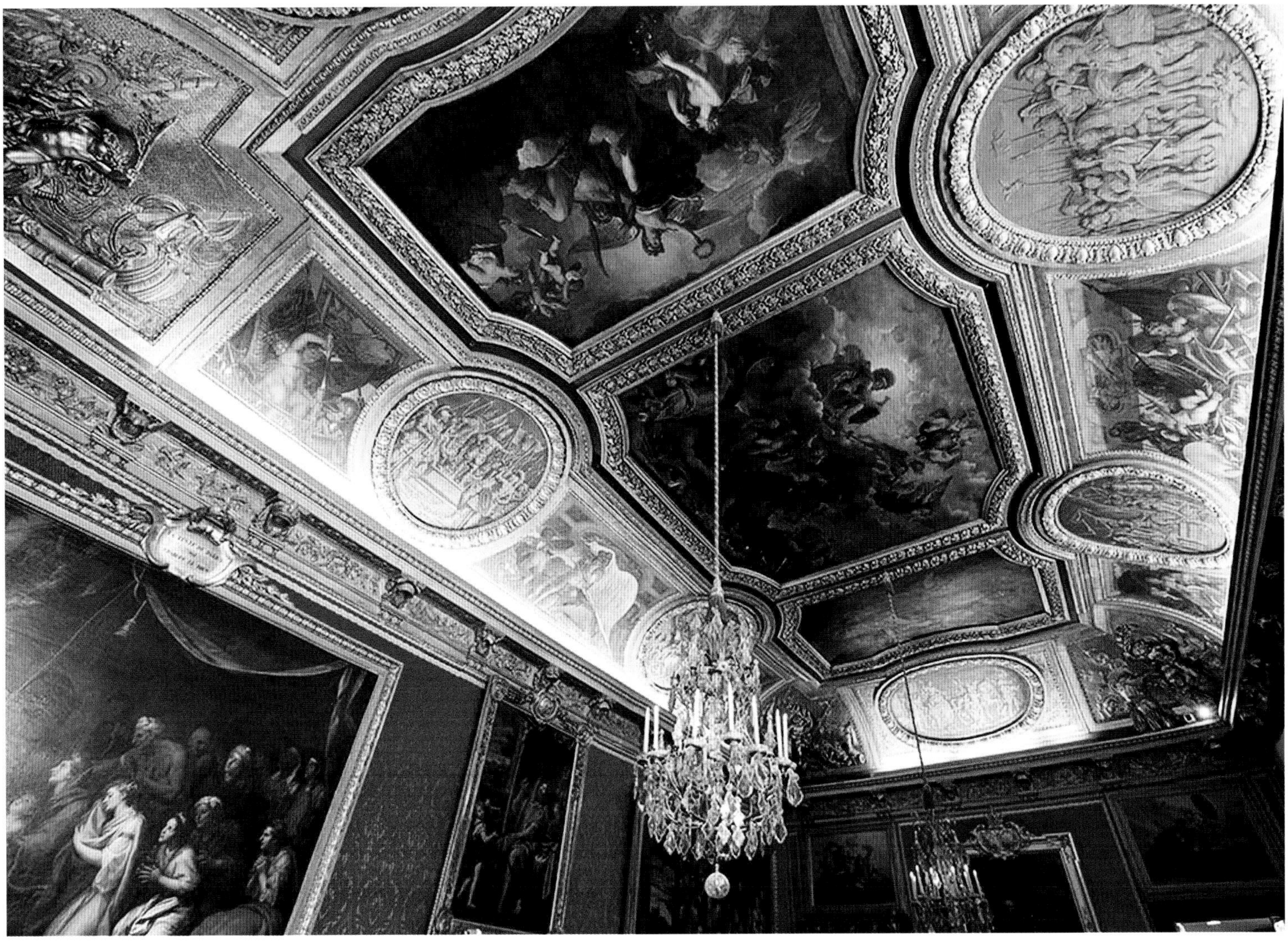

RUSSIA